Joram Ngugi

Análise das redes sociais no Quénia

Joram Ngugi

Análise das redes sociais no Quénia

Uma abordagem de estudo de caso

ScienciaScripts

Imprint

Any brand names and product names mentioned in this book are subject to trademark, brand or patent protection and are trademarks or registered trademarks of their respective holders. The use of brand names, product names, common names, trade names, product descriptions etc. even without a particular marking in this work is in no way to be construed to mean that such names may be regarded as unrestricted in respect of trademark and brand protection legislation and could thus be used by anyone.

Cover image: Disponibilizado pelo autor

This book is a translation from the original published under ISBN 978-620-2-31834-1.

Publisher:
Sciencia Scripts
is a trademark of
Dodo Books Indian Ocean Ltd. and OmniScriptum S.R.L publishing group

120 High Road, East Finchley, London, N2 9ED, United Kingdom
Str. Armeneasca 28/1, office 1, Chisinau MD-2012, Republic of Moldova, Europe
Printed at: see last page
ISBN: 978-620-7-90234-7

ANÁLISE DAS REDES SOCIAIS NO QUÉNIA: UM ESTUDO DE CASO

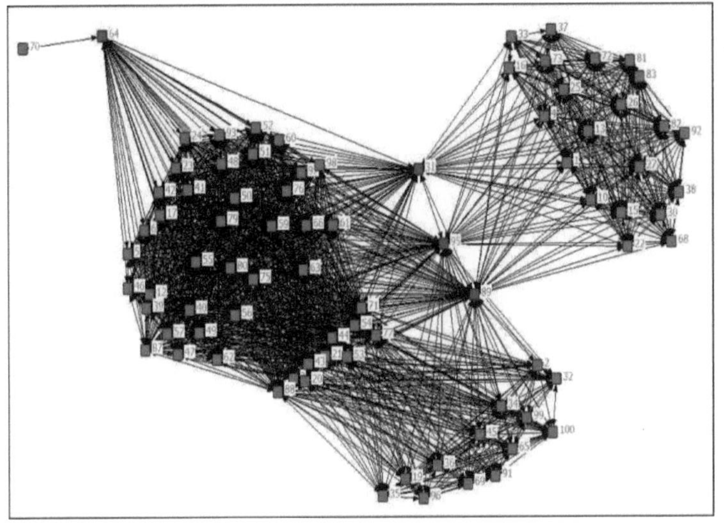

AUTOR

JORAM NGUGI KAMAU

Índice

Resumo geral

Este livro debruça-se sobre o papel das redes sociais na difusão da informação. A abordagem utilizada é um estudo de caso que descreve o que torna necessário o recurso aos outros actores de uma rede e uma análise estrutural da forma como os membros se posicionam. Isto permite-nos compreender as diferenças de poder e de influência entre os membros de uma determinada rede. A análise destes estudos de caso utilizou o software UCINET para fornecer gráficos sociais e análises estatísticas dos diferentes actores e do seu papel e influência na circulação da informação e dos recursos.

Foram utilizados três condados no Quénia - Muranga, Nakuru e Nairobi - para os estudos de caso. Segue-se um breve preâmbulo de cada estudo de caso:

<u>As forças motrizes do trabalho em rede</u>

Este estudo centra-se nas razões pelas quais as pessoas recorrem aos seus contactos para obterem os recursos e as informações de que necessitam para as suas actividades quotidianas. Devido às falhas do mercado, a informação assimétrica levou os actores a recorrerem aos seus contactos informais sem terem em conta o poder e a influência implícitos destes canais.

<u>Estrutura da rede</u>

Este estudo utiliza o netdraw no software UCINET para fornecer uma visão pictórica da disposição dos actores na área de estudo. Fornece um gráfico social de como os actores estão distribuídos numa determinada rede.

<u>Centralidade da rede</u>

Este estudo procura fornecer cientificamente o papel de cada ator e a contribuição dos nós para a rede no seu conjunto. As análises efectuadas fornecem o nível de influência de cada membro da rede através de várias medidas de centralidade.

<u>Redes da administração pública</u>

Esta secção fornece uma ilustração ridícula de como o poder das redes sociais pode ser manipulado para derrotar o objetivo pretendido. Nesta secção, a riqueza dos recursos de informação é utilizada pelos membros com medidas de centralidade mais elevadas para minar a periferia e isolar os nós da rede.

1 Estímulos de redes sociais: uma abordagem de duplo Dekker com procedimento de atribuição quadrática de regressão múltipla (MRQAP): o caso dos produtores de banana no Quénia

Resumo

Os mercados quenianos caracterizam-se por uma informação assimétrica entre as partes envolvidas. Como em qualquer outro país em desenvolvimento, os mercados quenianos implicam custos de transação elevados, nomeadamente na procura de factores de produção de qualidade e de informações sobre o mercado. Estas imperfeições do mercado impedem uma concorrência leal entre os intervenientes. O resultado é um comércio injusto em que os agricultores se encontram em desvantagem, o que dificulta a transformação do mercado. Este estudo examinou os estímulos das redes sociais na aquisição de informações sobre a produção e comercialização de bananas entre os pequenos agricultores de Murang'a. Para a análise, foi utilizada a abordagem Double Dekker Semi-Partialling Multiple Regression Quadratic Assignment Procedure (MRQAP) em Ucinet. Uma matriz n por n de agricultores que dependem de "redes informais" constitui a variável dependente que foi submetida a testes de hipóteses. A variável independente entra na regressão QAP sob a forma de matrizes em que, para todas as variáveis, as linhas são semelhantes (egos) enquanto as colunas captam os atributos das variáveis. Todos os dados foram codificados na forma binária para gerar uma matriz de adjacência. Entre as variáveis analisadas, o estudo indica que a pertença a um grupo, o comércio, a amizade e o género indicam uma ancoragem positiva nos laços sociais.

Palavras-chave: Estímulos de redes sociais, assimetria de informação, informalidade, MRQAP.

Introdução

Para alcançar uma segurança alimentar sustentável no Quénia, a comercialização da agricultura tornou-se inevitável. De acordo com Kabunga (2012), a cultura da banana no Quénia evoluiu de uma cultura de quintal para uma cultura comercial capaz de competir com outros produtos agrícolas no mercado. Devido às imperfeições do mercado, a aquisição de material de plantação híbrido e de qualidade no país envolve um elevado nível de custos de transação. O governo tem tentado resolver estas imperfeições através da prestação de serviços de extensão aos agricultores. De acordo com Odongo (2015), o rácio de agentes de extensão para os agricultores no Quénia é de 1:1093, enquanto o rácio recomendado é de 1:400. É por causa deste rácio que os agricultores criaram meios alternativos para complementar os serviços oferecidos pelos agentes de extensão agrícola.

O ser humano é, por natureza, uma criatura interactiva. Estas interacções entre indivíduos numa dada sociedade enriquecem o capital humano dos intervenientes. A rede social é, por conseguinte, uma plataforma importante através da qual informações valiosas podem circular facilmente entre os actores. Cassi et al (2008) defendem, portanto, que as redes sociais podem ser utilizadas pelos agricultores dos países em desenvolvimento para comercializar os seus produtos.

De acordo com Renard e Guo (2013), a rede social é um importante capital social incorporado nas relações pessoais entre os actores. Isto significa que um ator dentro de uma rede pode facilmente disseminar o seu conhecimento entre outros actores. Isto significa que uma rede com recursos é suscetível de melhorar a produtividade e o bem-estar das famílias e da sociedade no seu conjunto.

Este estudo conceptualizou a unidade de análise como a relação entre as variáveis e uma matriz $n+n$ para os agricultores que dependem de outras fontes para além dos agentes de extensão do governo. Na análise de redes sociais, os actores podem ser ligados com base em semelhanças, pertença a grupos, interacções sociais e relações sociais (Borgatti et al. 2009). É nesta base, então, que esta rede de agricultores conceptualizou os agregados familiares como participando frequentemente em redes que reduzem as barreiras do mercado e facilitam a aquisição de insumos de qualidade, aumentando assim a probabilidade de comercialização da banana.

Os dados das redes sociais são de natureza diádica, na medida em que se referem a relações entre pares de actores. Uma vez que a unidade de análise é diádica, Krackhardt (1988) argumenta que as observações da rede são independentes umas das outras e que, consequentemente, as técnicas de regressão padrão não são viáveis para analisar este tipo de dados.

Para examinar até que ponto os pequenos agricultores estão inseridos em redes sociais, foi utilizada a abordagem Double Dekker Semi-Partialling Multiple Regression Quadratic Assignment Procedure (MRQAP) no UCINET (Borgatti et al., 2006). A matriz $n+n$ de agricultores foi regredida contra as variáveis da rede. De acordo com Tsai (1998), os resultados de uma análise deste tipo são interpretados como se fossem uma regressão linear normal. A vantagem do MRQAP é o facto de ser eficaz na análise da correlação entre os dados da rede e os dados não pertencentes à rede (Carpenter et al., 2012).

Resultados e discussão

O modelo linear básico para os dados de matriz quadrada considerados neste estudo é o seguinte

$$Z = 0X + yY + - + nN + £$$

Onde Z é uma matriz $n * n$ para os agricultores que dependem de outros agricultores, θ, Y e n são escalares, X, Y e N são matrizes $n * n$ que captam os estimuladores do trabalho em rede. As diagonais das matrizes foram ignoradas, uma vez que reflectem a relação de um ator consigo próprio. A hipótese nula foi $Ho := 0$. As matrizes X, Y e N são

não são considerados independentes.

Estímulos à criação de redes sociais entre bananicultores

Nesta secção, o MRQAP foi utilizado para testar a hipótese de que a criação de redes entre bananicultores não está relacionada com o género, a amizade, a vizinhança, outros agricultores, agricultores que também são comerciantes, a educação e a semelhança na pertença ao grupo; doravante referidas como 'fontes informais' no contexto deste estudo. Uma matriz n por n de agricultores que utilizam fontes informais constitui a variável dependente. Neste procedimento, o software Ucinet foi utilizado para analisar até que ponto as fontes informais actuam como estímulo para os agricultores obterem informações e insumos na área de estudo.

Resultados do MRQAP do Double Dekker Semi-Partialling

Esta secção centra-se em valores p que satisfazem o nível de significância estatística do QAP, i.e. agricultores que consideram os seus companheiros de idade, vizinhos, agricultores do seu próprio género, os do mesmo grupo de membros e agricultores que são comerciantes de bananas como fontes de informação e material de plantação. A variável dependente refere-se apenas aos agricultores que recorrem a "fontes informais" de informação, tal como definidas no presente documento.

Os coeficientes de regressão apresentados no quadro 1 mostram uma relação positiva entre os agricultores da mesma faixa etária e a facilidade de ter laços sociais. A amizade entre os actores da rede tem uma relação positiva com os laços sociais. (a- 1,175 p-0,0772) Os agricultores da mesma vizinhança física partilharam recursos e informações 0,24 vezes mais frequentemente do que os não-vizinhos, com uma probabilidade de 0,412% de que isso tenha acontecido por acaso. Por outro lado, os produtores de bananas obtêm informações dos agricultores que também são comerciantes de bananas 1,089 vezes mais do que os não comerciantes, com uma probabilidade de 1,99% de que tal aconteça por acaso. Os produtores de bananas estabelecem redes de contactos com pessoas do mesmo sexo 0,974 vezes mais frequentemente, com uma probabilidade de 0,5% de que tal se deva ao acaso. Por último, os agricultores do mesmo grupo/pertencimento estabelecem redes entre si 1,77 vezes mais frequentemente, com uma probabilidade de 0% de que tal se deva ao acaso.

Quadro 1: Coeficientes de regressão do MRQAP

Associações de rede	Coeficiente normalizado -a	Valor P	Erro padrão
Idade	1.00313*	0.0806	0.01898
Educação	0.1925	0.36816	0.00511
Amizade	1.0175*	0.07723	0.01493
Bairro	0.2368*	0.00412	0.01039
Tipo	0.9714***	0.00498	0.06529
O mesmo grupo	1.77074***	0.00053	0.03858
Comerciante	1.08899**	0.0199	0.04229
Interceção	0.24929	0.0000	0.0000

[2]Pseudo $R = 0,57$; ***, **, * significativo a 1%, 5% e 10%, respetivamente.

Para garantir que os resultados acima referidos não eram aleatórios, foi efectuado um teste de correlação QAP com os mesmos dados para permitir uma discussão mais aprofundada. No teste de correlação QAP, cada variável foi medida utilizando uma matriz diferente, em que todas as matrizes têm o mesmo nó mas têm relações diferentes dentro das células, representando uma ideia diferente de como os nós se podem relacionar entre si. Este estudo analisa a correlação entre a rede de contactos dos produtores de banana e as variáveis independentes. Essencialmente, tenta determinar se as semelhanças em vários aspectos promovem o trabalho em rede ou se funcionam como um fator de atração. Procura-se explicar como é que os agricultores do mesmo sexo, nível de educação, grupo, comerciantes, amigos, companheiros de idade e vizinhança criam laços. As variáveis horizontais são uma cópia das variáveis verticais.

Quadro 2: Correlação dos QAP

	Idade<45	Educação	Amizade	Tipo	Voisin	**Rede**	Idem grupo	retalhistas	Valor P
Idade<45	1.000	0.003	-0.012	0.001	-0.008	**0.01**	0.012	0.006	0.182
Educação	0.003	1.000	0.006	0.032	-0.009	**0.15**	0.002	0.006	0.118
Amizade	-0.012	0.006	1.000	0.001	-0.038	**0.87**	0.102	0.303	0.005***
Tipo	0.001	-0.032	0.001	1.000	-0.003	**0.28**	0.001	0.008	0.035**
Voisin	-0.008	-0.009	-0.038	0.003	1.000	**0.42**	0.018	0.055	0.159
Rede	**0.01**	**0.15**	**0.87**	**0.28**	**0.42**	**1.00**	**0.57**	**0.86**	**0.000**
Idem grupo	0.012	0.002	-0.102	0.001	-0.018	**0.57**	1.000	0.148	0.012**
Retalhistas	0.006	0.006	0.303	0.008	0.055	**0.86**	0.148	1.000	0.085*

Existe uma forte correlação positiva (0,87) entre a amizade e a criação de redes. O coeficiente de correlação tem um valor de p de 0,005, o que satisfaz amplamente o teste de correlação AQP. Isto mostra que não é por acaso que os bananicultores da divisão Kahuro consideram os seus parceiros de rede como amigos. Na aliança em rede, a amizade é uma variável recíproca e, por conseguinte, todos os agricultores das suas redes respectivas consideram cada parceiro da sua rede como amigo, o que constitui um elemento essencial do processo de partilha de recursos e de informações entre os participantes na rede. Estes resultados são úteis para compreender o papel das amizades numa determinada sociedade. É inegável que as pessoas se seleccionam e se influenciam mutuamente, pelo que as redes sociais são instrumentos poderosos de difusão de informação, sobretudo quando os actores centrais da rede são bancos de informação. (Centola et al.; 2007; Golub e Jackson; 2010).

O estudo teve em conta uma seleção de amostras heterogéneas em termos de composição por género. O coeficiente de correlação entre o trabalho em rede e o género é de 0,28. Trata-se de uma correlação positiva fraca que é estatisticamente significativa a 0,035. Os agricultores do sexo masculino tendem a estabelecer redes com agricultores do sexo masculino, enquanto as agricultoras tendem a estabelecer redes com as suas congéneres do sexo feminino. Trata-se de uma homofilia induzida, em que as aves da mesma plumagem se juntam. No entanto, existe uma ligeira diversidade na composição dos géneros dentro da rede, tal como indicado pela dimensão do coeficiente de correlação. Este facto garante uma combinação perfeita em termos de produção de informação. A diversidade em qualquer instituição é essencial para garantir uma mistura de recursos na rede e, por conseguinte, um ciclo de informação completo na rede, uma vez que os homens e as mulheres são dotados de forma diferente.

Estudos anteriores consideraram a pertença a um grupo como um indicador de capital social, com os membros do grupo a tirar partido da formação do grupo para aumentar o seu poder de negociação. Neste estudo, um grupo é definido como qualquer forma de organização informal entre actores. Por outras palavras, os actores que são membros de qualquer grupo foram tidos em conta neste estudo. Verifica-se uma correlação positiva de 0,57 (0,012). O argumento é que os membros de um mesmo grupo beneficiam de recursos e informações semelhantes e que, por conseguinte, os membros de um grupo comum tendem a estabelecer redes com outras pessoas não semelhantes tanto quanto interagem entre si. Basicamente, isto significa que os bananicultores beneficiam de uma diversidade de informação e de recursos e que, consequentemente, o risco de um alter nesta rede não ter a informação ou os recursos de que um ego agricultor necessita é muito baixo.

Os produtores de bananas tendem a estabelecer redes de contactos com comerciantes (agricultores que também são comerciantes) com mais frequência para obter informações. Este facto é indicado pelo elevado coeficiente de correlação de 0,86 (0,085). Isto significa que, enquanto os agricultores confiam uns nos outros para partilhar recursos, um número credível confia nos comerciantes para obter informações. Isto é consistente com os resultados de Fafchamps et al (2003), que concluíram que as relações dos agricultores com outros comerciantes conduzem, entre outras coisas, a poupanças e a custos de transação reduzidos.

As relações e as redes sociais podem, portanto, permitir que os agentes poupem nos custos de transação, mesmo que provavelmente não atinjam o mesmo nível de eficiência global que os mercados perfeitos. É claro que podem ser omitidos outros factores não observáveis que podem distorcer os resultados. Infelizmente, na ausência de dados de painel, estes efeitos não podem ser controlados.

Conclusões e recomendações

Para identificar as motivações dos agricultores para a criação de redes, verificou-se que o género, a pertença a um grupo e a amizade influenciam a dependência da rede de agricultores. Isto proporciona uma combinação perfeita em termos de produção de informação.

Os agricultores que confiavam nos seus colegas para obter informações revelaram ter um elevado grau de comercialização. Isto porque o trabalho em rede entre agricultores é uma forma de capital humano em si mesmo e ajuda a minimizar os custos de transação associados à agricultura e à comercialização, que têm sido tradicionalmente vistos como uma barreira à comercialização de produtos agrícolas.

É evidente que o fosso entre os agricultores e os agentes de extensão está a aumentar todos os dias, à medida que os governos se empenham na segurança alimentar. Por conseguinte, é vital que os governos das economias em desenvolvimento tomem consciência do papel desempenhado pelas redes sociais no complemento dos serviços oferecidos pelos agentes de extensão. Os actores mais importantes de uma rede devem ser identificados e equipados com tecnologias modernas para facilitar a divulgação de técnicas agrícolas modernas.

2 Análise estrutural das redes sociais reveladas pelos pequenos produtores de banana no condado de Murang'a, Quénia

Resumo

As falhas do mercado foram identificadas como um dos principais obstáculos à comercialização da agricultura de pequena escala na maior parte da África Subsariana. Estudos teóricos e empíricos em economia e sociologia argumentam que as redes sociais são a fonte mais convincente de informação sobre novos produtos e recursos, mas os governos dos países em desenvolvimento continuam a confiar nos agentes de extensão para comunicar com os agricultores sobre novas tecnologias. A metodologia de análise de redes sociais (SNA) foi utilizada para descrever a estrutura das interacções sociais entre os pequenos produtores de banana em Murang'a. O objetivo das redes sociais é ajudar os agricultores a tomar decisões sobre a compra e venda de bananas. Estas incluem decisões como a obtenção de material de plantação híbrido, as melhores práticas de gestão dos campos, a altura da colheita, o local de venda e o preço de venda dos produtos. A hipótese principal é que as redes formadas através de interacções sociais têm benefícios quantificáveis para o agregado familiar participante e conduzem direta ou indiretamente a níveis mais elevados de bem-estar. Os resultados do estudo revelaram que muito poucos agricultores (11,43%) obtiveram informações sobre o material de plantação da cultura de tecidos de bananeira ou sobre o mercado diretamente dos agentes de extensão agrícola. O estudo revelou que certos actores da rede desempenham um papel crucial na disseminação de informações e recursos. A prevalência destas redes sociais tem um impacto duradouro, complementando os serviços de extensão nas zonas rurais, melhorando a produtividade e o bem-estar das famílias e da sociedade em geral.

Palavras-chave: Análise de redes sociais, extensionistas, capital social

Introdução

A rede social, um dispositivo institucional informal, é uma das formas interactivas que têm impacto na comercialização agrícola. As redes sociais são plataformas importantes no seio das quais os actores ou os indivíduos estão ligados de alguma forma a alguns ou a todos os outros membros do grupo (Malerba, 2007; Mowery & Sampat, 2005). Através destas ligações, Sharp e Smith (2003) argumentam que as redes sociais facilitam a transmissão de informação ou o fluxo de novas ideias e outros recursos e podem, portanto, ser uma forma desejável para os agricultores comercializarem os seus produtos.

Vários estudos consideram a rede social como uma forma importante de capital social, uma vez que é um recurso encontrado nas relações pessoais mantidas pelas famílias que podem influenciar as decisões de produção e os resultados económicos (Guo & Renard, 2012; Grootaert, 2001; Narayan & Pritchett, 1999; Putnam et al., 1994).

Os actores nas redes sociais podem estar ligados com base em semelhanças (mesma localidade, afiliações ou outros atributos semelhantes), relações sociais (parentesco, relações afectivas ou cognitivas), interacções e/ou fluxos de recursos/informação (Borgatti et al., 2009; Hartmann et al., 2008); assim, um agricultor dentro de uma rede afecta direta ou indiretamente as escolhas de outros agricultores sem a intermediação do mercado. Por conseguinte, este estudo ao nível dos agricultores concebeu as famílias como procurando e participando frequentemente em estratégias para melhorar as suas capacidades através do envolvimento em redes sociais.

Um estudo de projeto-piloto realizado por Wambugu et al (2008) concluiu que a cultura de tecidos de bananeira tem vantagens adicionais em relação à banana tradicional. Estas vantagens resultam da superioridade do material de plantação em termos de maturação mais precoce (12-16 meses em comparação com 18-24 meses para as bananas tradicionais), maior peso dos cachos (pelo menos 20 kg em comparação com 10-15 kg para as bananas tradicionais), maior rendimento anual por unidade de área (até 50 toneladas por hectare em comparação com 30 toneladas para as bananas tradicionais), resistência a pragas e doenças e coordenação do mercado devido à uniformidade da maturação.

Desde a introdução da tecnologia de cultura de tecidos no Quénia, há mais de uma década, a banana passou de uma cultura de quintal para uma cultura comercial no país (Kabunga et al., 2011). No entanto, a forma como esta tecnologia é transmitida aos agricultores é caracterizada por agentes de extensão inadequados. Embora o rácio de agentes de extensão em relação aos agricultores no Quénia seja relativamente convincente em comparação com outros países da África Oriental, a situação ainda não é promissora. As estatísticas mostram que os rácios de agentes de extensão em relação aos agricultores são os seguintes: Quénia; 1:1000 (CABI, 2014), Tanzânia; 1:1145 (SAMT,2014) e Uganda; 1:2400 (Laura, 2012). Devido a este baixo rácio, os agricultores dependem das interacções sociais entre si para obter informações cruciais sobre novas variedades de material de plantação e informações sobre o mercado para os seus produtos.

Métodos de análise de dados

A técnica de Análise de Redes Sociais (ARS) foi utilizada para identificar as características das redes sociais mantidas pelos pequenos produtores de banana no condado de Murang'a. As variáveis da rede social dividem-se em três categorias: estruturais, de composição e de afiliação. As variáveis da rede social dividem-se em três categorias principais: estrutura, composição e afiliação. A investigação centrou-se nas redes sociais e nas suas relações como base para aceder aos recursos contidos na rede e, em última análise, no que isso significa para os resultados dos pequenos agricultores.

Variáveis estruturais: descrevem a estrutura da rede. Referem-se à forma ou configuração das ligações na rede e descrevem as ligações entre os actores. As medidas incluem: dimensão da rede, densidade da rede, medidas de centralidade e poder e influência da rede. Variáveis de afiliação - um tipo específico de rede que envolve relações entre um conjunto de actores e um conjunto de "eventos" a que os actores "pertencem", como a adesão a uma determinada organização, e que pode estender-se a ocasiões sociais informais. As variáveis de afiliação indicam o subconjunto de actores que pertencem a cada "evento".

Variáveis de composição/atributo - As variáveis de composição ou atributo referem-se a dados sobre as atitudes, opiniões e comportamentos de actores individuais. Incluem características como a idade, o género, o rendimento, a educação, etc., que são medidas como valores de variáveis específicas. A posição dos actores numa rede e a força dos laços que os unem são, por conseguinte, de importância crucial. As posições sociais foram então avaliadas através da determinação da centralidade de um nó identificado por um número de ligações entre os membros da rede. Estas medidas foram utilizadas para caraterizar os graus de influência, de proeminência e de importância de certos membros. A força das ligações é principalmente determinada pela proximidade da ligação.

O software UCINET 6.0 foi utilizado na análise para gerar as características das redes descritas pelos agricultores.

Resultados e discussão

Características demográficas e socioeconómicas dos chefes de família
    Erro! A fonte de referência não foi encontrada. 1 apresenta as características demográficas e socioeconómicas dos 175 inquiridos da amostra. Estas características revelaram-se muito úteis para descrever claramente a diversidade dos antecedentes dos inquiridos e a forma como estas características influenciaram as suas vidas sociais. O quadro mostra que a proporção de agregados familiares chefiados por homens e chefiados por mulheres na amostra era quase igual a um.

Quadro 1: Características do agregado familiar

Atributos socioeconómicos	Proporção de inquiridos (%)
Tipo	
Agregados familiares chefiados por homens	56.00
Agregados familiares chefiados por mulheres	44.00
Idade	
Chefes de família com mais de 45 anos	61.14
Chefes de família com menos de 45 anos	38.86
Nível de educação	
Chefes de família sem educação formal	10.86
Chefes de família com ensino primário	42.29
Chefes de família com ensino secundário	37.14
Chefes de família com ensino superior	8.00
Chefes de família com formação universitária	1.70

O quadro mostra que a maioria (cerca de 60%) dos produtores de bananas na área de estudo tem mais de 45 anos de idade. Esta situação pode ser explicada pelo facto de os jovens continuarem a tentar evitar a agricultura e a dedicar-se a outras actividades "lucrativas" nas zonas urbanas. Além disso, a proximidade da área de estudo da capital do país pode também ser um fator de motivação para a população jovem da região. Em média, um chefe de família típico completou cerca de nove anos de educação formal.

A maioria dos agricultores (cerca de 90%) era alfabetizada, o que significa que a maioria dos chefes de família sabia ler e escrever. Isto foi visto como um fator importante na comercialização da cultura da banana. Todos os agricultores da amostra tinham títulos de terra seguros, com uma área média de 2 ha.

Estrutura da rede de produtores de bananas
Esta secção baseia-se na hipótese de que a oferta de material de plantação da cultura de tecidos de bananeira e a procura de mercados implicam interacções complexas entre indivíduos que trocam informações. A análise das interacções baseou-se nos dados recolhidos junto dos agricultores da amostra, sendo o agricultor individual a unidade de análise. As redes aqui apresentadas são, portanto, redes egocêntricas; descrevem as ligações informativas do inquirido. A secção considera a rede a dois níveis: em primeiro lugar, ao nível do agricultor individual e, em segundo lugar, ao nível da rede como um todo.

Dimensão da rede
Os resultados do estudo revelaram que muito poucos agricultores (11,43%) obtiveram informações sobre o material de plantação da cultura de tecidos de bananeira ou sobre o mercado diretamente dos agentes de extensão. Como mostra a Figura 1, os colegas agricultores foram a fonte mais importante de contacto. Isto ilustra claramente o contexto

do baixo rácio de agentes de extensão em relação aos agricultores que caracteriza o país.

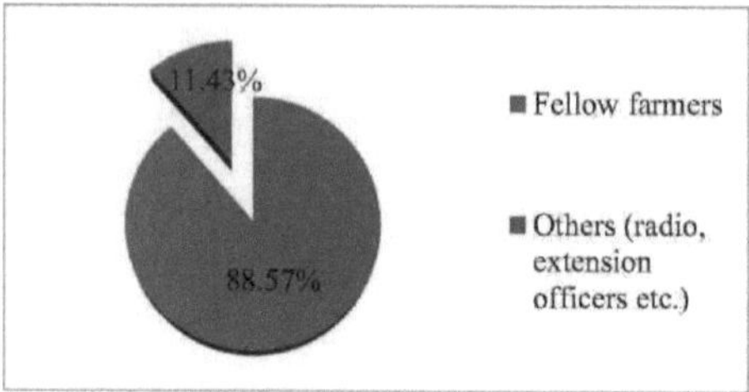

Figura 1: Proporção de agricultores por fonte de material de plantação de bananas ou de informação

A maioria (70%) dos agricultores que indicaram que os seus colegas eram as suas principais fontes de informação tinha uma rede direta de 2 a 3 alters (ver quadro abaixo).

No SNA, o tamanho da rede direta do ego é um indicador importante do valor da rede do ego. De acordo com Scales et al (2014), o tamanho da rede fornece uma indicação da probabilidade de o ego estar conectado a um alter que possui um recurso de que o ego precisa. Quanto maior for a rede direta do ego, maior é a probabilidade de conter alters com informações valiosas. Isto significa que, para um determinado ego, a probabilidade de entrar em contacto com um alter que possua aquilo de que o ego necessita aumenta com a dimensão da rede.

Tabela), enquanto cerca de 18% tinham 4 a 5 correspondentes. Para determinar a rede direta de um agricultor, o estudo deu importância ao primeiro, segundo e terceiro contactos, respetivamente, pela ordem em que os agricultores os mencionaram. Este método baseia-se no pressuposto de que, quando se pede a um agricultor que especifique as suas fontes de informação, são as fontes mais valiosas que vêm primeiro à mente.

No SNA, o tamanho da rede direta do ego é um indicador importante do valor da rede do ego. De acordo com Scales et al (2014), o tamanho da rede fornece uma indicação da probabilidade de o ego estar conectado a um alter que possui um recurso de que o ego precisa. Quanto maior for a rede direta do ego, maior é a probabilidade de conter alters com informações valiosas. Isto significa que, para um determinado ego, a probabilidade de entrar em contacto com um alter que possua aquilo de que o ego necessita aumenta com a dimensão da rede.

Quadro 1: Repartição dos agregados familiares da amostra por dimensão da rede

Número de alterações	Proporção de egos em
Egos com zero alter	8.00
Egos com um alter	3.43
Egos com dois alteres	31.43
Egos com três alters	38.86
Egos com quatro alters	15.43
Egos com cinco alters	2.86
Atributos do ego	
Alter, o amigo do ego	40.00
Alter como vizinho do ego	8.57
Alter e ego no mesmo grupo/organização	18.29
Alter como comerciante no mercado das bananas	21.71
Outros	11.43

O quadro 1 mostra também que os agricultores consideram que os seus contactos de informação se enquadram em quatro grandes categorias. Os amigos têm um peso maior (40,00%), os comerciantes (21,71%), seguidos dos membros de grupos organizados (18,29%), e outras fontes (11,43%) têm um peso menor. Isto significa que existe uma diversidade de informação na rede, no sentido em que, por exemplo, os comerciantes podem estar bem informados sobre o mercado.

Outros podem ter informações sobre a gestão da produção.

Centralidade da interdependência

A figura 2 mostra um mapa de rede de centralidade de interdependência desenhado com net draw na visualização Ucinet. Os pedantes (egos com um único contacto) e os isolados (egos sem qualquer contacto) foram excluídos. A lógica subjacente é que os agricultores que não têm um parceiro ou mesmo um único contacto não estão qualificados para trabalhar em rede. Por razões de anonimato e confidencialidade, os participantes na rede foram codificados de duas formas distintas. Os códigos numéricos representam os egos, enquanto os códigos numéricos e alfabéticos representam os alters que foram identificados pelos egos como fontes de informação durante o processo de produção e comercialização.

A centralidade da interdependência dá uma indicação do grau de controlo exercido pelos participantes individuais (Williams & Hummelbrunner, 2011). É o caminho mais curto entre dois nós. Em **Error!** a centralidade da interdependência é representada pelo tamanho dos nós. Quanto maior for um nó, maior é o nível de centralidade de interferência e vice-versa.

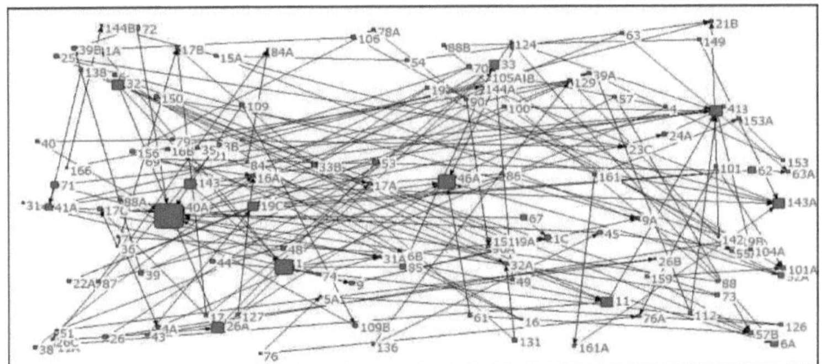

Figura 2: Grau de poder dos agricultores

Fundamentalmente, a centralidade de interdependência mede a medida em que um participante é um guardião na rede, ou seja, o participante através do qual um par de outros participantes tem de passar antes de se poderem ligar. A centralidade de interdependência capta outro aspeto da importância de uma rede - a capacidade de atuar como ponte entre outros nós, a capacidade de ligar outros que, de outra forma, não estariam ligados. Os agricultores 40A, 46A e 1 têm o nível mais elevado de centralidade de interdependência, respetivamente. O agricultor 40A é essencial porque pode dirigir o fluxo de informação através desta rede, uma vez que tem o poder de transmitir ou não a informação. Um nó com baixa intermediação, por outro lado, pode ser redundante porque existem outras formas de ir de um lado ao outro da rede.

Os agricultores 40A, 46A e 1 são muito importantes nesta rede devido aos seus atributos (ver quadro 2). Eles desempenham um papel essencial no fluxo de informações através da rede de 373 agricultores. Se estes três agricultores deixarem de participar, o fluxo de informação será menos importante nesta rede. Basicamente, estes agricultores actuam como "extensionistas da aldeia" e o resultado mostra que o seu rácio em relação aos outros agricultores é muito inferior ao rácio dos extensionistas agrícolas em relação aos agricultores. Este facto tem implicações importantes para os serviços de extensão. Identificar os "extensionistas das aldeias" e dotá-los de conhecimentos facilitaria a transmissão de informações à sociedade em geral de uma forma rentável.

Centralidade de graus

O grau de centralidade é uma medida do número de ligações directas que um membro da rede tem. A Figura 3 mostra que o grau de centralidade é representado pelo tamanho dos nós. O grau de centralidade

quanto maior for um nó, maior será o seu grau de centralidade, e vice-versa.

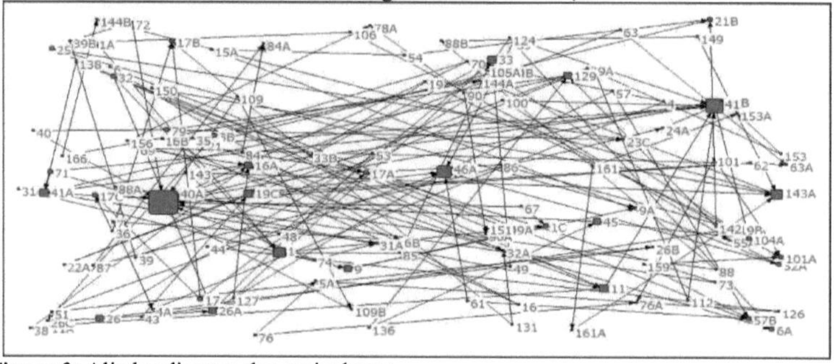

Figura 3: Aliados directos dos agricultores

Em princípio, os participantes com um elevado grau de centralidade têm o maior número de participantes ligados a eles. Neste caso, não é o papel que desempenham na rede que mais interessa, mas o número de egos no estudo que os mencionaram como fontes de informação. Esta medida de centralidade reflecte o número de alters que um ego possui. No contexto deste estudo, os membros altamente conectados têm uma alta probabilidade de receber informações sobre bananas.

Na rede estudada, os agricultores 40A, 41A e 46A, respetivamente, eram os mais centrais no sentido de que tinham o maior número de egos considerando-os como fontes de informação e material de plantio. Com base na centralidade de interdependência, o Agricultor 1 foi muito crítico na transmissão de informações. No entanto, a Figura 3 revela que o agricultor não era ativo na procura de informação junto de outros agricultores. Podemos, portanto, concluir que ele adquiriu as suas informações em primeira mão, seja através dos agentes agrícolas ou talvez através da sua experiência agrícola, e que, por isso, é muito valorizado pela maioria dos participantes na rede.

A agricultora 41A tinha vários agricultores em contacto com ela, mas não desempenhava um papel crucial na transmissão da informação; ela é uma espécie de "sumidouro" de informação. Assim, na sua ausência, a informação continuará a circular. No entanto, a agricultora é uma necessidade, mas não é um ator-chave na rede. O agricultor 40A é muito importante na rede, qualquer que seja o ângulo de abordagem. Ele está no centro da rede de produtores de bananas.

A Tabela 2 revela que o agricultor 40A tem o maior número de egos que o consideram como uma fonte de recursos e informações sobre bananas (em grau). O grau de um nó é o número de ligações que o ligam a outros nós da rede.

Quadro 2: Atributos do agricultor

ID	Visitar Diploma	No meio	Proximidade	Harmónico proximidad	Vetor próprio
40A	12	3609.00	3254	35.3	0.534
41A	9	1096.00	3396	29.69	0.051
46A	7	3777.5	3223	34.13	0.39
1	6	2543.5	3308	30.09	0.021

Enquanto o grau dos agricultores acima referidos na rede mede o número de ligações que têm, a centralidade do vetor próprio destes agricultores mede o número de ligações que os seus alters têm. O agricultor 46A tem os seus alters mais ligados aos outros agricultores do que todos os outros.

A combinação de um grau elevado e de uma pontuação elevada de centralidade eigenvectorial revelada pelo agricultor 46A é muito importante. As pessoas que têm contactos com outros participantes que, por sua vez, têm boas ligações, podem ser influentes porque conhecem as pessoas certas, as pessoas populares e as pessoas que podem transmitir eficazmente uma mensagem. Os esforços destas pessoas influentes são susceptíveis de ser eficazes, porque as mensagens que transmitem a cada um dos seus contactos são amplamente difundidas. McPherson et al (2001) argumentam que os actores que têm mais ligações com outros participantes na rede têm uma vantagem porque têm outras formas de satisfazer as suas necessidades. Como têm muitas ligações, podem ter acesso aos recursos da rede no seu conjunto e recorrer a eles.

A centralidade de proximidade é a única medida de centralidade cujo número é tanto menor quanto maior for o seu valor. O agricultor 46A tem a ligação média mais baixa, o que significa que é a ligação mais próxima dos outros nós da rede. Basicamente, se este agricultor tiver determinadas informações ou características de produção únicas, bastam alguns passos para que estas informações se propaguem deste agricultor para os outros membros da rede.

Densidade da rede

A densidade da rede é o rácio entre as ligações existentes e o número possível de ligações se todos os actores estivessem provavelmente ligados entre si. Como mostra o Quadro 3, a densidade da rede para os produtores de banana na divisão de Kahuro é de 0,003 ou 0,3%, indicando uma rede esparsa. Uma rede mais densa pode significar uma maior probabilidade de partilha de recursos muito semelhantes, enquanto redes mais abertas ou esparsas podem significar um maior acesso a recursos ou informações melhores ou mais variados (Scales et al., 2014).

Quadro 3: Densidade da rede

DensidadeNúmero	de	ligaçõesGrau médio
0.	0033751	.011

Quanto maior for a rede, menor será a densidade. Uma fórmula simples para calcular a densidade da rede é dada por :

Densidade da rede = Número de **ligações existentes**/Número **total** de ligações possíveis

Com base no argumento de Scales et al. (2014), a rede descrita pelos produtores de banana na divisão de Kahuro é esparsa, o que significa que as hipóteses de diversidade nas variedades de insumos e de diversidade nas informações de produção e comercialização são muito elevadas. Por conseguinte, se os agricultores forem agrupados, é provável que tenham muitas semelhanças nas suas informações de produção e comercialização. O resultado é a "consanguinidade", que não é saudável no mundo dinâmico das ideias.

Diversidade de recursos e composição
Neste contexto, a diversidade refere-se ao conhecimento de uma mistura de pessoas, o que aumenta as possibilidades de os produtores de banana terem o contacto certo para um determinado fim. Os agricultores de Kahuro tinham contactos com membros do seu grupo, comerciantes, amigos e vizinhos. Uma grande diversidade implica a integração em várias esferas da sociedade ou círculos/contextos sociais, o que é considerado uma vantagem para a mobilização de recursos e para acções instrumentais como a recolha de informações (Lin, 1981; Kadushin, 1982; Campbell et al., 1986).4 De acordo com a Figura 4: Composição da rede4 , o tamanho do nó é proporcional ao peso do gerador de recursos.

AMIGO1 a AMIGO5 representam os alters de um a cinco (número máximo de alters registados). O mesmo se aplica aos restantes nós.

Cerca de metade dos produtores de bananas da divisão preferem obter recursos de amigos, enquanto a outra metade obtém informações de vizinhos, comerciantes de bananas e membros do grupo. Isto significa que, em qualquer altura, existe uma diversidade de informação sobre a produção, as variedades de bananas e o mercado nesta rede.

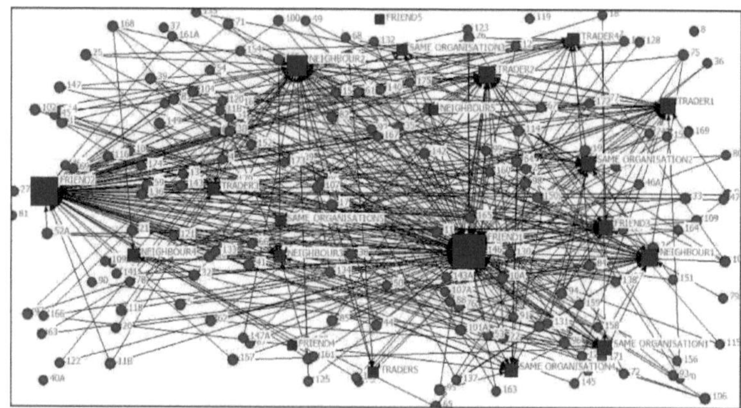

Figura 4: Composição da rede

A hipótese desta rede é que o primeiro e o terceiro parceiros da rede mencionados pelos inquiridos são os que interagem frequentemente e, neste estudo, é dada mais ênfase ao primeiro, segundo e terceiro alter, aos seus atributos e à relação dos alter com o ego. De acordo com a Figura 4: Composição da rede4 , o problema da recordação surge quando se pede ao inquirido que identifique mais de dois parceiros da rede e apenas alguns agricultores identificaram cinco parceiros na rede. Este fenómeno é ilustrado pela diminuição do tamanho dos nós de um para cinco. A maioria dos agricultores tinha uma média de dois ou três parceiros que consideravam fontes de informação e de material de

plantação. medida que a procura de mais alters aumentava, o número de egos capazes de

fornecer uma recordação exacta diminuía.

Na Figura 5, macho1 e fêmea1 representam o sexo do primeiro parceiro da rede e os

restantes até macho5 e fêmea5, que é o sexo do quinto parceiro da rede mencionado pelo

ego. O número máximo de alters mencionados pelos agricultores durante a entrevista foi

cinco.

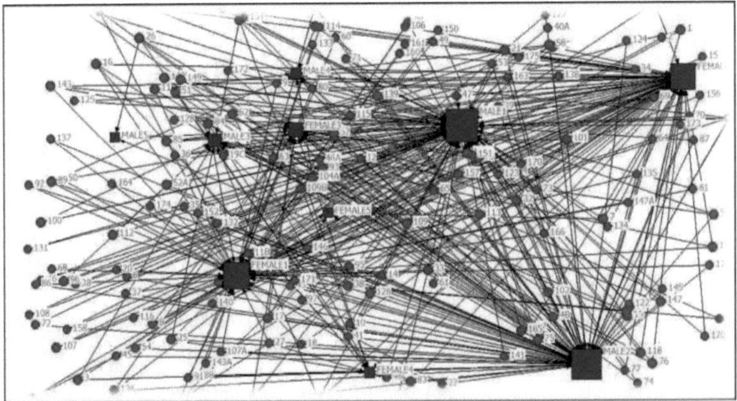

Figura 5: Heterogeneidade da rede

A figura 5 mostra que os homens e as mulheres parecem referir a mesma dimensão

de parceiros de rede. As redes dos inquiridos podem ser muito heterogéneas em alguns

aspectos e homogéneas noutros, por exemplo, por idade ou sexo. Os agricultores de

Kahuro são heterogéneos em termos do género do parceiro da rede. Esta diversidade é

muito importante para a aquisição de recursos por um ego, na medida em que um género,

por exemplo, pode ser um bom parceiro para as práticas de gestão durante a produção de

banana, enquanto o outro é um bom meio para recolher informações sobre o mercado.

Conclusões e recomendações

Conclusão

Como os resultados indicam, os agricultores de Kahuro exibiram uma heterogeneidade de rede em que homens e mulheres interagiram na partilha de materiais e de informações sobre o mercado. Isto é claramente ilustrado pelo facto de as diferenças de género não serem significativas na partilha de informações, mas sim um catalisador na diversidade de informações e recursos. No entanto, foi observada uma homogeneidade em termos de idade, com a maioria dos agricultores com mais de 45 anos a parecerem formar uma rede. Isto pode ser explicado pelo facto de os jovens tenderem a ser "empurrados para fora" pelas oportunidades lucrativas nas áreas urbanas e pela tradição de que a agricultura não é para os jovens.

Como se pode ver, 11,43% dos agricultores obtiveram informações e material de plantio dos agentes de extensão, enquanto 88,57% obtiveram informações de outros agricultores. Este é um cenário desanimador e muito comum nos países em desenvolvimento. No entanto, foi encontrada uma solução promissora no município: os agricultores da rede complementam-se mutuamente com informações e material de plantação, não só de uma forma sustentável, mas também rentável. Isto é evidente pelo facto de o estudo ter identificado "agentes de extensão da aldeia" a quem os agricultores da zona recorrem para obter informações e material de plantação.

Os agricultores que confiavam nos seus colegas para obter informações revelaram-se altamente envolvidos na participação no mercado. Isto porque o trabalho em rede entre agricultores é uma forma de capital humano em si mesmo, e ajuda a minimizar os custos de transação associados à agricultura e à comercialização, que têm sido tradicionalmente vistos como uma barreira à comercialização de produtos agrícolas.

Por conseguinte, esta investigação indica que a criação de redes entre os pequenos agricultores e os comerciantes tem potencial para melhorar a comercialização da banana na região e tirar os pequenos agricultores da pobreza, se forem eliminados os factores de constrangimento como a falta de capital, as competências básicas (agrícolas e comerciais), os elevados custos de transação, a falta de infra-estruturas, a falta de informação e a falta de educação.

Recomendação

O governo, em colaboração com as ONG e o sector privado, deveria identificar e localizar os indivíduos mais importantes ("agentes de extensão das aldeias") numa determinada sociedade e dotá-los das competências e recursos necessários, que podem complementar, de forma rentável, o papel dos agentes de extensão. Isto poderia aumentar a sustentabilidade dos novos projectos introduzidos numa determinada região.

3 Social network centrality and food security: the case of small-scale sweet potato farmers in Nakuru County, Kenya.

Resumo

A insegurança alimentar tem afetado os países em desenvolvimento durante séculos.

Apesar dos esforços dos governos para afetar uma parte significativa dos seus orçamentos à melhoria da segurança alimentar, os cidadãos continuam a sofrer de fome. Os serviços de extensão tradicionais e burocráticos estão a revelar-se inúteis quando se trata de disseminar informação. Estes agentes não sabem que, para além dos seus projectos de demonstração, há variáveis exógenas que contribuem para a absorção de novas tecnologias e ideias para combater a insegurança alimentar. Os agricultores das zonas rurais não operam isoladamente, mas dependem de colegas, da formação de grupos e de outras redes sociais para obter informações específicas sobre a sua produção e comercialização. Neste contexto, os agricultores foram capazes de identificar os contactos de informação mais valiosos em diferentes níveis do processo de produção. Este estudo analisou, portanto, o grau de centralidade dos diferentes contactos nas redes informais identificadas pelos produtores de batata-doce no Quénia. As análises utilizaram o software de redes sociais UCINET para identificar os contactos mais valiosos identificados pelos agricultores. As suas várias medidas de centralidade foram captadas, permitindo a identificação científica dos "agentes informais de extensão" na área de estudo. O estudo tem implicações para a política nos países em desenvolvimento. Os governos dos países em desenvolvimento devem reforçar estes contactos para garantir uma elevada taxa de aceitação da tecnologia pelos pequenos agricultores, ajudando assim a quebrar o círculo vicioso da insegurança alimentar.

Introdução

A formação social entre os actores é um elemento-chave da partilha de informações. A análise das redes sociais é uma apresentação gráfica da forma como os actores estão ligados por laços sociais (Scott, 2017). As medidas de centralidade classificam os actores de acordo com a sua importância numa rede. Existem várias medidas de centralidade utilizadas para descrever a relevância de um ator numa determinada rede de partilha de informações. Este estudo conceptualizou a centralidade da rede em três formas principais: centralidade de grau, centralidade de interferência e centralidade de proximidade.

A centralidade de grau descreve essencialmente o número de ligações que estão diretamente relacionadas com um ator numa rede (Krinsky & Crossley, 2014). Quanto maior for o número de pessoas a que um ator de uma rede estiver ligado, maior será a probabilidade de disseminação da informação. Os actores que têm mais ligações com outros actores ligados são extremamente valiosos para a transmissão de informação. Durante o fornecimento de material de plantação de batata-doce, verificou-se que os agricultores com muitos contactos com fontes de informação possuíam uma variedade de rizomas de batata, o que lhes permitiu avisarem-se uns aos outros sobre más colheitas.

Outro aspeto importante da centralidade na rede é a centralidade de betweeness. Esta mede a capacidade de um ator ser um guardião numa rede (Coddington & Holton, 2014). Descreve a importância de um ator na medida em que nenhum par de actores pode ligar-se sem passar por esse ator. Quanto mais elevado for o valor desta centralidade, melhor será a situação do ator. Estes actores de uma rede são muito importantes para a partilha de informações e a diversidade entre dois ou mais pares de redes.

O último aspeto tido em conta neste estudo é a centralidade da proximidade. Trata-se de uma medida complexa que avalia a velocidade a que a informação é transferida e partilhada na rede. Quanto mais pequeno for o valor de um ator, melhor. Os actores com uma centralidade de proximidade muito elevada são considerados à prova de informação, uma vez que a sua capacidade de divulgar informação na rede é vaga.

Resultados e discussão

Isto descreve o padrão de partilha de recursos entre os produtores de batata na área de estudo. O estudo constatou que os agricultores obtinham materiais de plantio e informações de mercado de uma variedade de fontes. A aquisição de sementes pelos agricultores através das redes sociais é influenciada por uma confluência de factores (Thuo et al., 2014). É um processo contínuo em que os agricultores processam informações de uma variedade de fontes, incluindo as suas próprias experiências, as experiências de outros agricultores e a natureza dos seus laços (fortes ou fracos) com outros agricultores e membros da rede (Thuo et al., 2014).

O estudo conceptualizou as fontes de informação como grupos de agricultores, comerciantes locais de sementes, stocks de sementes certificadas, agricultores vizinhos e fornecedores de serviços de extensão. Estes centros de recursos são, portanto, referidos como os actores/eventos e os agricultores foram codificados numericamente por razões de anonimato. A Figura 1 ilustra este processo utilizando o software da rede UCINET.

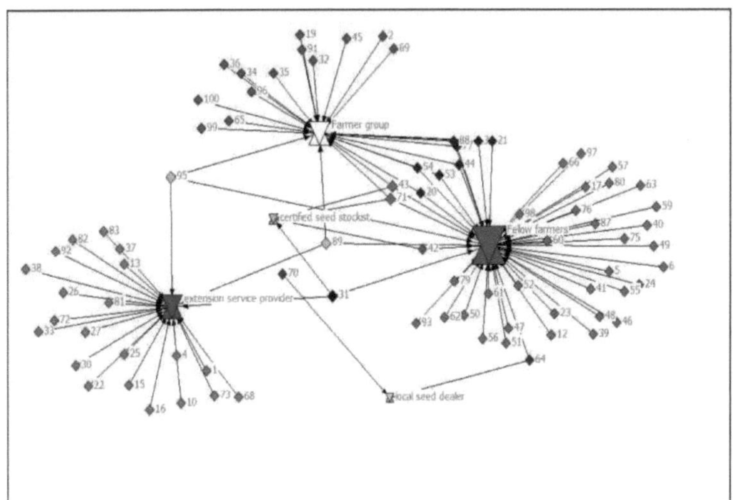

Figura 1: Visualização da rede

Na visualização da rede, partiu-se do princípio de que qualquer ator que não identificasse os cinco eventos como contactos de informação e aqueles que não tivessem contactos de informação eram descartados no processo de visualização durante a análise. Nesta análise, o tamanho do nó é sinónimo do número de ligações directas que lhe estão associadas. A Figura 1 mostra que os colegas agricultores têm o maior grau de centralidade, enquanto o distribuidor local de sementes tem o menor grau de centralidade.

Centralidade da rede

A centralidade destaca os actores mais importantes e as posições estratégicas dos vários nós da rede. A principal questão da centralidade é definir o que torna um ator mais central do que outro (De Nooy et al., 2018). Foram considerados diferentes critérios para definir a centralidade, e os critérios escolhidos fornecem informações diferentes sobre a posição dos actores. As três principais definições de centralidade são retiradas de Freeman (1979): centralidade de grau, centralidade de interferência e centralidade de proximidade (Wang et al., 2015).

A centralidade de grau considera que os nós com os graus mais elevados (número de arestas adjacentes) são os mais centrais. Destaca a popularidade local da rede,

31

os actores que influenciam a sua vizinhança e aqueles que são altamente visíveis na sua comunidade. Como mostra a figura abaixo, os agricultores que dependem dos seus colegas para obterem sementes têm o grau mais elevado de centralidade, seguidos pelos grupos de agricultores e prestadores de serviços de extensão. O gráfico na Figura 1 acima indica que a maioria dos agricultores na região obtém rizomas de batata-doce de colegas agricultores e grupos de agricultores, enquanto que a menor parte obtém de stocks de sementes certificadas e comerciantes de sementes locais, por esta ordem, respetivamente.

Tabela 1: Medidas de centralidade

	Académico Agricultores	Agricultor grupo	Distribuidor local de sementes	Certificado sementes o mais armazenado	Prestador de serviços de extensão	Agricultor 89	Agricultor 31	Agricultor 64
Freemans Entre os dois	2690	1161	86	19	1599	562	365	170
Na centralidade	48	25	2	4	24	3	3	2
Proximidade centralidade	161	211	327	247	213	175	201	243

Os colegas agricultores têm um grau de centralidade de 48. Isto indica que os agricultores na área de estudo dependem muito mais dos seus colegas agricultores do que dos agentes de extensão do governo. Por outro lado, as reservas de sementes certificadas têm um grau de centralidade de 4, o que tem um grande impacto na qualidade do material de plantação de batata-doce e, consequentemente, na quantidade de produção de batata-doce.

A centralidade de intermediação centra-se na capacidade de um ator ser um intermediário entre dois outros actores na rede (Smith et al., 2014). Por conseguinte, uma rede é altamente dependente de actores com elevada centralidade de intermediação e estes actores têm uma vantagem estratégica devido à sua posição como intermediários e corretores.

Os agricultores 31, 64 e 89 revelaram-se os mais centrais devido à sobreposição de eventos. Por outro lado, os colegas agricultores, como um evento, tiveram a maior centralidade (2690). Este estudo centra-se nos três agricultores individuais. Como mostra a figura 2 abaixo, os agricultores 31, 64, 89 e 95 são essenciais em termos de troca de informações entre as redes. A ausência destes agricultores na rede leva a uma desconexão na rede e, consequentemente, a partilha de recursos na rede fica comprometida.

A implicação política deste facto é que estes agricultores devem ser o alvo do governo. O reforço das capacidades destes actores é crucial para garantir que a adoção de novas tecnologias e recursos por outros agricultores seja maximizada. De facto, estes são os "extensionistas das aldeias" com os quais o governo deveria estar a trabalhar para reduzir a insegurança alimentar no país.

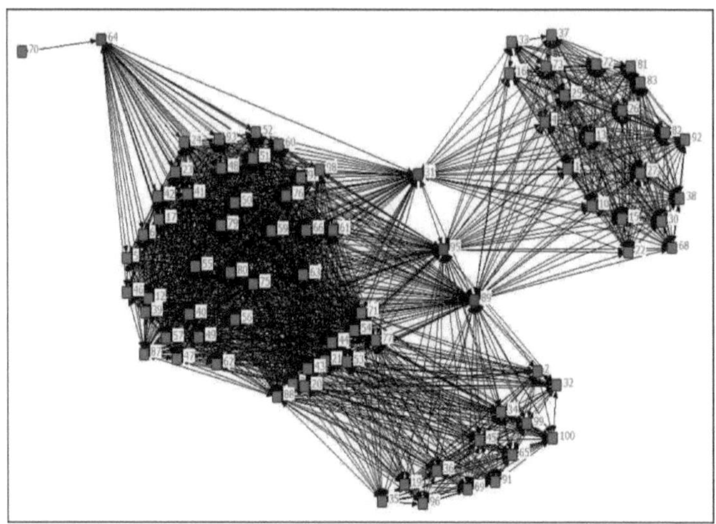

Figura 2: Centralidade da interdependência e sobreposição de eventos

Apesar do baixo nível de centralidade dos graus, estes actores são muito importantes nos seguintes domínios

a transmissão de informações entre os diferentes conjuntos. Actuam como guardiões entre duas redes. Sem estes actores, seria impossível fazer circular a informação em toda a rede.

A centralidade de proximidade considera a centralidade como uma medida de proximidade no grafo social. A centralidade de proximidade revela a capacidade de um nó se ligar rapidamente a todos os outros actores da rede (Fellman & Wright, 2014). Quanto mais pequeno for o número, mais próximo está o nó na rede. Como ilustrado no quadro 1 acima, a afiliação com os colegas agricultores tem a medida de centralidade mais baixa (161). Isto significa que a afiliação com este ator aumenta a probabilidade de partilha de recursos, uma vez que tem a distância geodésica mais curta na rede. Os agricultores 31, 64 e 89 estão associados a todos os centros de recursos devido à sobreposição de eventos.

Feld (1981) sugere que os indivíduos cujas actividades estão organizadas em torno do mesmo foco de interesse (por exemplo, voluntariado, locais de trabalho, saídas, família, etc.) ficam frequentemente ligados uns aos outros ao longo do tempo (Ellison & Vitak, 2015). As afiliações podem ser apresentadas como um gráfico social em que os nós correspondem a entidades (como agricultores e eventos) e as linhas correspondem a ligações de afiliação entre entidades. Uma justificação para o uso da coafiliação é a ideia de que a coafiliação fornece as condições para o desenvolvimento de laços sociais de vários tipos (McFarland et al., 2014). Por exemplo, quanto maior for a frequência com que as pessoas participam nos mesmos eventos, maior será a probabilidade de interagirem e desenvolverem algum tipo de relação.

Os produtores de batata-doce tendem a obter as suas informações de cinco fontes diferentes. A razão pela qual eles tendem a estar divididos neste ponto é uma questão de diferenças e atributos socioeconómicos. A Figura 2 mostra membros que partilham um evento comum. As teorias das redes sociais argumentam que a afiliação a eventos semelhantes leva ao desenvolvimento de laços sociais (Borgatti et al., 2018). Os agricultores mostrados a vermelho actuam como pontes entre os agricultores e os eventos e, portanto, pontes entre os subgrafos descritos acima.

A intuição da sobreposição de eventos significa que os agricultores que obtêm as suas informações a partir de um evento semelhante tendem a aceder a um padrão de sementes comum e a uma replicação do mesmo nos resultados. Basicamente, se houver uma desordem nas características da batata-doce, ela será replicada entre os conjuntos de subgrafos visualizados na Figura 2 acima.

Conclusões e recomendações
Os agricultores foram identificados como tendo maior confiança nos seus colegas

bem sucedidos. De acordo com o axioma da racionalidade, o objetivo de cada agricultor é maximizar a sua produção e, por conseguinte, a sua segurança alimentar. Os países em desenvolvimento ainda dependem dos agentes de extensão, sem ter em conta o capital humano do agricultor. É necessária uma mudança de paradigma para formas específicas de partilha de informação, em oposição ao método tradicional de confiar inteiramente nos agentes de extensão, que parecem incapazes de divulgar informação devido ao seu rácio.

Para garantir a segurança alimentar, o governo queniano deve identificar e orientar os agricultores mais importantes para a divulgação de tecnologias. As suas características e capacidades intrínsecas devem ser exploradas, assegurando uma reprodução a baixo custo. As orientações políticas devem ser direccionadas para os agricultores mais importantes e equipá-los com tecnologias e recursos modernos para garantir a segurança alimentar a curto e longo prazo.

4 A miragem dos jovens no acesso a oportunidades governamentais; uma abordagem de rede social: o caso do Quénia

Resumo

A igualdade de acesso dos jovens às oportunidades de emprego nos sectores privado e público no Quénia é uma falácia total. Apesar dos esforços do governo para garantir que todas as oportunidades de emprego sejam postas à disposição do público, os departamentos de recursos humanos das respectivas organizações continuam a desconhecer as várias atribuições nas suas redes. O estudo teve como alvo os jovens desempregados da capital do país, Nairobi. A amostra incluiu também jovens empregados nos sectores privado e público da zona central de negócios. Através da análise estrutural da rede de emprego, o estudo revelou que o modelo de emprego na capital do país se baseia na filosofia de "quem conheces, não o que conheces". O estudo revelou ainda que as oportunidades de emprego no sector informal têm sido dificultadas pela inacessibilidade dos jovens ao capital e às facilidades de crédito, transformando as instalações recreativas da cidade numa casa para licenciados. A corrupção na obtenção de qualquer oportunidade no país foi normalizada, inibindo a concorrência leal em várias plataformas. O governo deve, portanto, introduzir medidas punitivas para desencorajar o recrutamento seletivo que favorece os padrinhos, tanto no sector público como no privado.

Palavra-chave : Desemprego; Jovens; Redes sociais; Recrutamento seletivo

Introdução

O desemprego existe quando uma pessoa disposta a trabalhar, à taxa salarial existente, não consegue obter emprego (Piore, 2017). Com o avanço da tecnologia no Quénia, os custos de transação associados à procura de emprego foram significativamente reduzidos. (Odhiambo & Waiganjo, 2014). Foram desenvolvidas várias plataformas de alerta de emprego e tudo o que o candidato a emprego tem de fazer é inscrever-se para receber notificações atempadas.

No Quénia, os jovens são classificados como jovens adultos com idades compreendidas entre os 18 e os 35 anos. Representam 70% da população do país e registam uma taxa de desemprego de 50%. Num país com uma população de mais de 45 milhões de habitantes, 10 milhões de jovens estão desempregados (Muiya, 2014). No entanto, o governo tem tentado reduzir esta taxa alarmante de desemprego juvenil através da introdução de várias plataformas. Estas incluem o Serviço Nacional da Juventude (SNJ), o Fundo da Juventude, o Acesso dos Jovens às Oportunidades de Contratação Pública (YAGPO), entre outros, que se revelaram vacas leiteiras para um casulo de algumas elites.

O condado de Nairobi é o coração do país. 60% do PIB do país é gerado apenas por este condado (Achar, 2015). Foi esta importância que levou o presente estudo a visar intencionalmente as dinâmicas que envolvem as oportunidades de emprego neste condado.

A análise das redes sociais consiste em identificar o capital social das pessoas. Identifica os principais actores da rede e a forma como os outros actores utilizam o capital social dos principais actores de uma rede (Kwon & Adler 2014). Este estudo conceptualizou a rede social como uma plataforma onde os jovens identificam os actores nos sectores do emprego e se ligam para garantir oportunidades nos governos nacionais e distritais. O estudo centrou-se no acesso a emprego público, concursos e fundos para jovens.

Metodologia

O condado de Nairobi foi deliberadamente escolhido por ser o condado que absorve o maior número de empregos no país. O estudo limitou-se ao distrito comercial central, onde se concentram os escritórios governamentais e privados. Foi selecionada uma amostra aleatória de 100 inquiridos, tanto do sector dos empregados como dos desempregados. A dimensão da amostra foi estritamente limitada a jovens com idades compreendidas entre os 22 e os 35 anos.

Partiu-se do princípio de que se tratava de uma coorte de jovens que tinham obtido os respectivos diplomas e estavam qualificados para o emprego.

Resultados e discussão

Uma análise de regressão dos factores de emprego revelou que os contactos de informação identificados pelos jovens da amostra contribuíram significativamente para o emprego.

Quadro 1: Análise de regressão dos contactos comerciais

Modelo				t	Sig.
	Não normalizado Coeficientes		Padrão Coeficientes		
	B	Erro std.	Beta		
(Constante)	.506	.073		6.973	.000
RELACIONADOS	.222	.080	.215	2.781	.007
IAM	.278	.084	.253	3.314	.001
AMIGO DA FAMÍLIA	.236	.078	.228	3.015	.003
COLÉGIO	-.108	.079	-.103	-1.366	.175
MASS_MEDIA	-.642	.087	-.566	-7.375	.000

Foi pedido às pessoas da amostra que enumerassem os contactos de informação com que contam ou contaram para procurar oportunidades de emprego. A lista incluía familiares que trabalham, amigos da família que trabalham, amigos, colegas de trabalho e os meios de comunicação social. O quadro 1 mostra que os pais, os amigos e os familiares têm um impacto positivo na procura de emprego no país. Os meios de comunicação social, enquanto fonte de informação, têm um impacto negativo no acesso ao emprego.

A revelação acima referida tem um impacto grave nos aspectos políticos do país. Em primeiro lugar, o processo de recrutamento e o acesso às oportunidades governamentais estão contaminados por cartéis que asseguram que as oportunidades governamentais são reservadas a determinadas dinastias. O outro problema descrito pelo estudo é o facto de o mérito num país ter deixado de ser uma prioridade. Para ser mais específico, houve um caso em que um inquirido (42 na Figura 1), com uma licenciatura em reprodução de plantas, acabou por ser um banqueiro sem qualquer base em contabilidade ou finanças. O que é interessante sobre este inquirido é a enorme rede de familiares, amigos e amigos da família que ocupam vários cargos no governo.

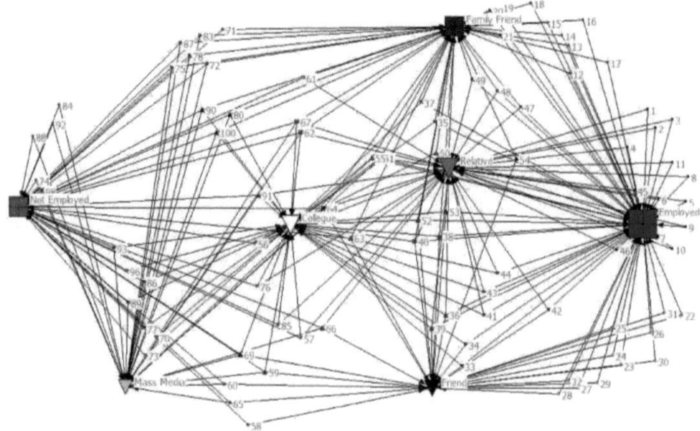

Figura 1: Contactos de informação

A figura 1 ilustra as redes estruturais descritas pelos jovens do condado de Nairobi. Foi pedido aos inquiridos que indicassem as diferentes fontes de informação a que recorrem para exteriorizar informações sobre oportunidades de emprego. Foram aplicados questionários abertos à população da amostra, tanto nos sectores de emprego como entre os desempregados.

De acordo com o gráfico social acima, o tamanho do nó é sinónimo do número de ligações de grau que o identificam como um contacto de informação. Mais especificamente, a análise visava identificar a correlação entre os desempregados e os empregados com base nos seus contactos profissionais.

O gráfico mostra que a utilização dos meios de comunicação social, como a Internet e os anúncios nos jornais, para aceder às oportunidades governamentais tem pouco impacto. Aqueles que acederam a oportunidades governamentais através das suas respectivas redes tiveram respostas positivas no sentido em que obtiveram efetivamente concursos ou oportunidades de emprego.

O risco moral é um fenómeno que surge devido à assimetria de informação (Xiang *et al.*, 2015). Todas as instituições, públicas e privadas, são obrigadas por lei a tornar públicos os seus processos de recrutamento e de concurso. No entanto, devido a falhas de mercado que asseguram uma informação perfeita nos processos de recrutamento e de concurso, estes cargos são reservados através de anúncios prévios. Os anúncios são meras formalidades gerais destinadas a dar uma imagem de transparência e profissionalismo, mas o facto é que o veredito é alcançado mesmo antes de ser recebida a primeira candidatura. De facto, estes lugares são leiloados entre os cartéis da rede que asseguram que todo o processo é uma monarquia recorrente.

Conclusões e recomendações
O estudo revelou que a corrupção no acesso às oportunidades governamentais está na ordem do dia. Durante a administração dos questionários, um jovem observou: *"Se uma toalha de banho do Serviço Nacional de Juventude pode ser licitada a 1000 dólares cada e um par de pneus de autocarro a 10 000 dólares, o emprego e os concursos estão apenas a um telefonema de distância, se tivermos as pessoas certas na nossa rede".* "Para obter um concurso público, financiamento para jovens ou um emprego no país, o investimento em redes e não no desenvolvimento de competências foi evidente no estudo. O acesso às oportunidades do governo é uma função da rede. Quanto maior for a ligação a actores com um vetor próprio elevado, maior

será a probabilidade de aceder a oportunidades governamentais.

Devem ser impostas medidas punitivas para dissuadir aqueles que praticam a corrupção e o abuso de poder. As irregularidades e ilegalidades nas funções governamentais tornaram-se crónicas no país, onde o mérito deixou de ser uma prioridade. A acusação de funcionários corruptos não deve demorar décadas em nome da investigação. A lei deve estabelecer um prazo máximo de três meses para garantir que todos os casos de corrupção cheguem a conclusões lógicas. Como medida dissuasora, não deve ser concedida fiança aos condenados em casos de corrupção, pois este é um fator que normalmente têm em consideração quando saqueiam os cofres públicos e abusam do seu cargo.

Para restaurar a saúde e a transparência das oportunidades governamentais, o governo deve criar uma base de dados de todos os jovens com as suas respectivas qualificações. Deveria ser criado um organismo independente para atualizar, gerir, concorrer e oferecer empregos estritamente a partir da base de dados criada, que deveria ser acessível ao público.

Conclusão geral

No final de cada caso, é tirada uma conclusão, juntamente com conselhos políticos sobre como o sistema social pode ser implementado.

O capital da rede pode ser utilizado para facilitar eficazmente a partilha de informações e de recursos. A intuição do estudo é, portanto, demonstrar como o capital de recursos e de informação é integrado nos actores humanos de uma rede. A ideia é, portanto, explorar as dotações inerentes à rede social para promover um sucesso político efetivo e sustentável.

Referências

Achar, P. N. (2015). *Impacto da taxa de crescimento do produto interno bruto e das variações da taxa de juro no desempenho da Bolsa de Valores de Nairobi* (tese de doutoramento, Universidade de Nairobi).

Anderson, D. R., Sweeny, J. D., Williams, T. A., Freeman, J. e Shoesmith, E. (2007). *Statistics for Business and Economics* . Thomson Learning.

Borgatti, S. P. e Everett, M. G. (2006). A graph-theoretic perspective on centrality [Uma perspetiva teórica dos grafos sobre a centralidade]. Social networks, 28(4), 466-484.

Borgatti, S. P., Everett, M: G., & Johnson, J. C. (2018). *Analisando redes sociais.* Sage.

Borgatti, S. P., Mehra, A., Brass, D. J. e Labianca, G. (2009). Network analysis in the social sciences (Análise de redes nas ciências sociais). *Science, 525*(5916), 892-895.

Borgatti, S. P., Mehra, A., Brass, D. J. e Labianca, G. (2009). Network analysis in the social sciences. science, 323(5916), 892-895.

CABI. (2014). *mFarmer: Providing Kenyan farmers with agricultural information through mobile phones.* Recuperado de http://www.cabi.org/projects/project/33024

Campbell, K. E., Marsden, P. V. e Hurlbert, J. S. (1986). Social resources and socioeconomic status. *Social networks, 5*(1), 97-117.

Centola, D., Eguiluz, V. M. e Macy, M. W. (2007). Dinâmica em cascata de propagação complexa. *Physica A : Statistical Mechanics and its Applications, 574*(1), 449-456.

Coddington, M. e Holton, A. E. (2014). When the gates swing open: Examining network gatekeeping in a social media setting. *Comunicação de massa e sociedade, 17(2),* 236257.

De Nooy, W., Mrvar, A., & Batagelj, V. (2018). *Análise exploratória de redes sociais com Pajek.* Imprensa da Universidade de Cambridge.

Ellison, N. B., & Vitak, J. (2015). Social network site affordances and their relationship to social capital processes. *The handbook of the psychology of communication technology, 32,* 205-228.

Fafchamps, M., e Lund, S. (2003). Risk-sharing networks in rural Philippines (Redes de partilha de riscos nas Filipinas rurais). *Journal of development Economics, 71(2),* 261-287.

Fellman, P. V., & Wright, R. (2014). Modelagem de redes terroristas, sistemas complexos de médio alcance. arXiv *preprint arXiv: 1405.6989.*

Golub, B., e Jackson, M. O. (2010). Naive learning in social networks and the wisdom of crowds [Aprendizagem ingénua nas redes sociais e a sabedoria das multidões]. *American Economic Journal: Microeconomics,* 112-149.

Grootaert, C. (2001). *Does social capital help the poor? A Synthesis of Findings from the Local Level Institutions Studies in Bolivia, Burkina Faso, and Indonesia Retrieved from.*http://siteresources.worldbank.org/INTSOCIALCAPITAL/Resources/Local- Level-Institutions-Working-Paper-Series/LLI-WPS-10.pdf

Guo, H. e Renard, M. F. (2012). Atividade social e ação coletiva para a inovação agrícola: um estudo de caso da Nova Reconstrução Rural na China. *Documento de trabalho do CERDI n.º 2013.06.*

Hartmann, W. R., Manchanda, P., Nair, H., Bothner, M., Dodds, P., Godes, D., ... & Tucker, C. (2008). Modeling social interactions: Identification, empirical methods and policy implications. *Marketing Letters, 19*(3-4), 287-304.

Kabunga, N. S., Dubois, T. e Qaim, M. (2012). Exposição heterogénea à informação e adoção de tecnologia: o caso das bananas de cultura de tecidos no Quénia. Agricultural Economics, 43(5), 473-486.

Kabunga, N. S., Dubois, T. e Qaim, M. (2012). Yield effects of tissue culture bananas in Kenya: accounting for selection bias and the role of complementary inputs. *Journal of Agricultural Economics, 63(2),* 444-464.

Kadushin, C. (2012). *Understanding social networks: Theories, concepts and findings [Compreender as redes sociais: teorias, conceitos e resultados].* Nova Iorque, NY: Oxford University Press.

KNBS. (2010). *Censo da População e da Habitação do Quénia 2009.* Obtido em http://www.knbs.or.ke/index.php?option=com_phocadownload&view=category&do

wnload=584:volume-1c-population-distribution-by-age-sex-and-administrative-units&id=109:population-and-housing-census-2009&Itemid=599

Krackhardt, D. (1988). Predicting with networks: Nonparametric multiple regression analysis of dyadic data (Previsão com redes: análise de regressão múltipla não paramétrica de dados diádicos). *Social networks, 10*(4), 359-381.

Krinsky, J. e Crossley, N. (2014). Movimentos sociais e redes sociais:

Introdução. *Estudos dos Movimentos Sociais, 13*(1), 1-21.

Kwon, S. W., & Adler, P. S. (2014). Capital social: Maturação de um campo de investigação. *Academy of management review, 39*(4), 412-422.

Lin, N. (1981). Recursos sociais e ação instrumental. InN. Lin & P.V. Marsden (Eds.), *Social structure and network analysis* (pp. 131-148).Ann Arbour, MI: University Microfilms International.

Malerba, F. (2007). A inovação e a evolução das indústrias. Em U. Cantner & F. Malerba (Eds.), *Innovation, industrial dynamics, and structural transformation: Schumpeterian legacies* (pp. 7-27). Nova Iorque, NY: Springer.

Plano de desenvolvimento estratégico do círculo eleitoral de Mathioya (2011). Obtido em http://www.centreforurbaninnovations.com/download/file/fid/419

McFarland, D. A., Moody, J., Diehl, D., Smith, J. A., & Thomas, R. J. (2014). Ecologia de rede e estrutura social do adolescente. *American sociological review, 79*(6), 10881121.

McPherson, M., Smith-Lovin, L. e Cook, J. M. (2001). Birds of a feather: Homophily in social networks (Aves de uma pena: Homofilia nas redes sociais). *Annual review of sociology, 27*(1),415-444.

Mowery, D. e Sampat, B. (2005). *Universities in national innovation systems.* Oxford: Oxford University Press.

Muiya, B. M. (2014). A natureza, os desafios e as consequências do desemprego juvenil urbano: um caso da cidade de Nairobi, no Quénia. *Revista universal de investigação educacional, 2(7)*, 495-503.

Narayan, D.,& Pritchett, L. (1999). Cents and sociability: Household Income and Social Capital in Rural *Tanzania", Economic Development and Cultural Change, 47(4)*, 87-1897.

Odhiambo, G. M., & Waiganjo, E. (2014). O papel das estratégias de gestão do capital humano na mobilidade dos trabalhadores nas universidades públicas do Quénia: Um estudo de caso da Universidade de Agricultura e Tecnologia Jomo Kenyatta (JKUAT). *Revista Internacional de Negócios e Ciências Sociais, 5*(6).

Odongo, D. (2015). Access to agricultural information among smallholder farmers: Comparative assessment of peri-urban and rural settings in Kenya. Agricultural Information Worldwide, 6, 133-137.

Piore, M. (2017). *Desemprego e inflação: visões institucionalista e estruturalista.* Routledge.

Putnam, R. D., Leonardi, R. e Nanetti, R. (1994). *Making democracy work: Civic traditions in modern Italy.* Princeton, NJ: Princeton University Press.

Renard, M. F. e Guo, H. (2013). Atividade social e ação coletiva para a inovação agrícola: um estudo de caso da nova reconstrução rural na China.

Scales, T. L., Streeter, C. L., & Cooper, H. S. (2014). *Trabalho social rural: Construindo e sustentando a capacidade da comunidade.* Hoboken, NJ: John Wiley & Sons.

Scott, J. (2017). *Análise de redes sociais.* Sage.

Sharp, J. S. e Smith, M. B. (2003). Social capital and farming at the rural-urban interface: the importance of nonfarmer and farmer relations. *Agricultural systems, 76(3)*, 913927.

Smith, J. M., Halgin, D. S., Kidwell-Lopez, V., Labianca, G., Brass, D. J., & Borgatti, S. P. (2014). Poder em redes politicamente carregadas. *Social Networks, 36*, 162-176.

Thuo, M., Bell, A. A., Bravo-Ureta, B. E., Lachaud, M. A., Okello, D. K., Okoko, E. N., ... & Puppala, N. (2014). Efeitos dos factores da rede social na aquisição de informação e na adoção de variedades melhoradas de amendoim: o caso do Uganda e do Quénia. *Agricultura e valores humanos, 31*(3), 339-353.

Tsai, W. e Ghoshal, S. (1998). Social capital and value creation: The role of intrafirm networks. Academy of management Journal, 41(4), 464-476.

Wambugu, F. M., Njuguna, M. M., Acharya, S. S. e Mackey, M. A. (2008). Socioeconomic impact of tissue culture banana (Musa spp.) in Kenya through the whole value chain approach. In *International Conference on Banana and Plantain in Africa: Harnessing International Partnerships to Increase Research Impact 879* (pp. 77-86).

Wang, H., Zhao, J., Li, Y., & Li, C. (2015). Centralidade da rede, inovação organizacional e desempenho: uma meta-análise. *Canadian Journal of Administrative Sciences/Revue Canadienne des Sciences de l'Administration, 32*(3), 146-159.

Williams, B. e Hummelbrunner, R. (2011). *Systems concepts in action: A practitioner's toolkit.* Palo Alto, CA: Stanford University Press.

Xiang, P., Huo, X., & Shen, L. (2015). Investigação sobre o fenómeno da informação assimétrica em projectos de construção - O caso da China. *Revista internacional de gestão de projectos, 33*(3), 589-598.

Printed by Books on Demand GmbH, Norderstedt / Germany